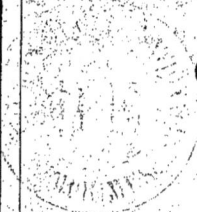

OU DOIT-ON ENVOYER

LES

SCROFULEUX

PENDANT LA MAUVAISE SAISON?

PAR

CAZENAVE DE LA ROCHE

Docteur en médecine de la Faculté de Paris, consultant à Saint-Raphaël
(Var).

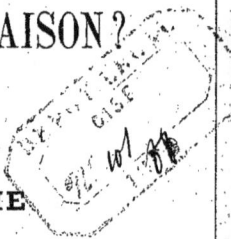

CLERMONT (OISE)

IMPRIMERIE DAIX FRÈRES

3, place Saint-André, 3

—

1888

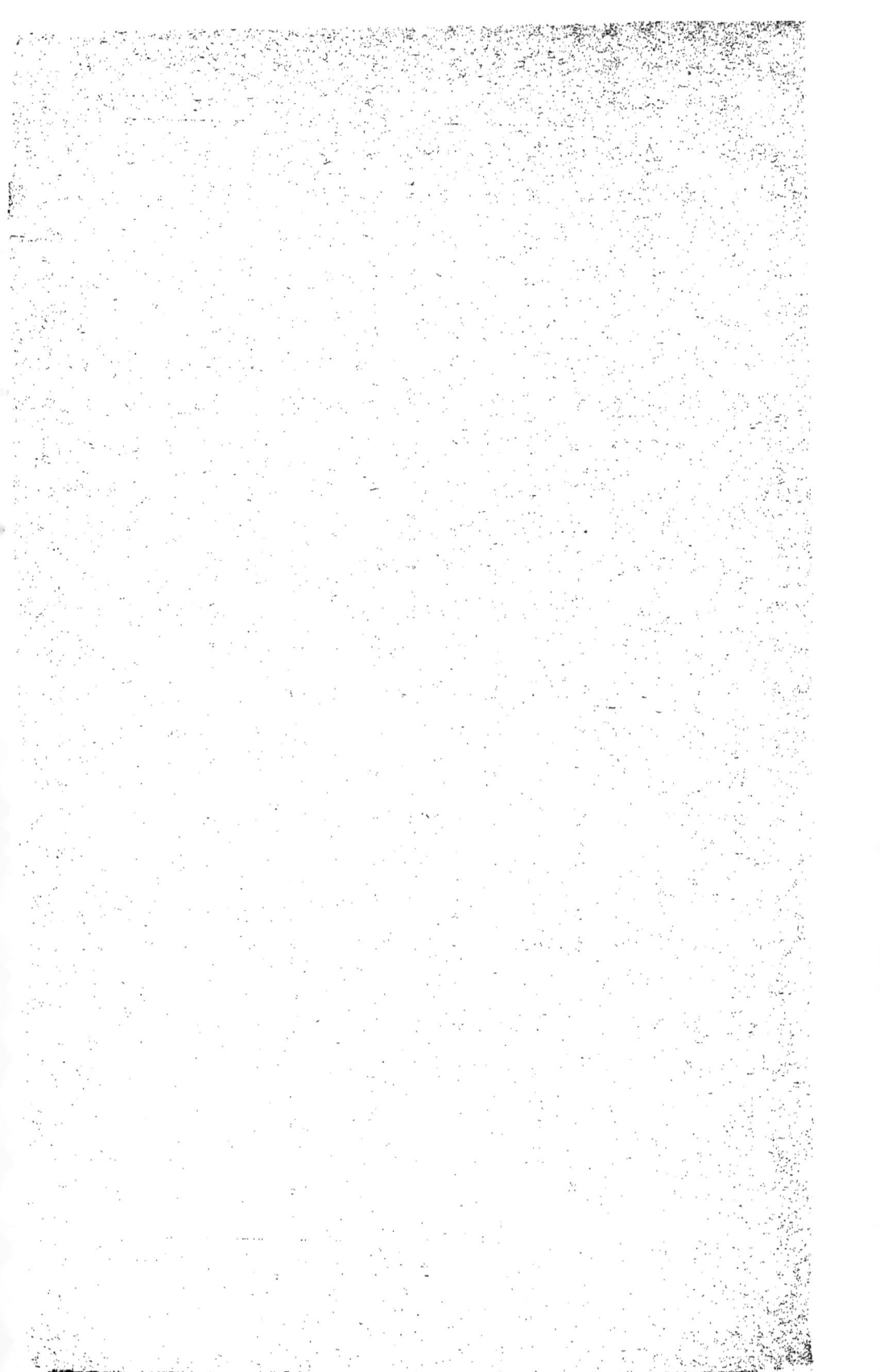

OU DOIT-ON ENVOYER

LES SCROFULEUX

PENDANT LA MAUVAISE SAISON ?

———

I

M. le Dr Bovet vient de publier dans les n°s 23-24 de la *Revue générale de Clinique et de Thérapeutique* deux articles qui m'ont tout particulièrement intéressé par leur côté pratique. Ils sont consacrés à la question de savoir où l'on doit envoyer les scrofuleux pendant la belle saison. Pour arriver à sa solution, l'honorable Inspecteur de Pougues passe successivement en revue toutes les sources minérales dont l'action anti-scrofuleuse affirme la spécialisation thérapeutique. La justesse des indications dénote de la part de l'auteur des connaissances étendues et solides en hydrologie médicale. Je regrette seulement que dans la nomenclature thermo-minérale établie d'après les manifestations diverses de la scrofule, M. Bovet n'ait pas mentionné les Eaux-Bonnes (chlorurées-sodiques), dont j'ai maintes fois reconnu l'action résolutive dans *l'adénopathie trachéo-bronchique*. La lecture de ce mémoire m'a suggéré la pensée de compléter le travail de M. le Dr Bovet, en recherchant à mon tour quelles sont les localités où la médecine peut utilement diriger les scrofuleux pendant la mauvaise saison.

Envisagée à ce second point de vue, la question relève directement de la climatologie, puisque l'examen du milieu atmosphérique en constitue l'objectif. Des études climatologiques élaborées *sur place* et non dans le silence du cabinet me permettront, je l'espère, de fournir à ce sujet des données certaines, en indiquant d'une manière sommaire, mais scrupuleusement exacte, la caractéristique thérapeutique des différents postes hygiéniques recommandés par la science.

Procédant par voie d'exclusion, je commencerai par éliminer, comme contraires au traitement de la scrofule les climats continentaux : le voisinage immédiat de la mer étant la première des conditions pour combattre l'élément strumeux. J'écarterai donc Pau, Dax, Amélie-les-Bains, Le Vernet en France, Pise, Rome en Italie, pour ne citer que les principaux. Je ne parle pas des altitudes Alpestres (Davos, Saint-Moritz, Frankenstein, la Maloya) sur la valeur médicatrice desquelles la science est loin d'être fixée. C'est donc exclusivement dans la catégorie des climats maritimes dont la dominante dynamique réside dans la composition chimique de l'air marin que la climatologie médicale pourra espérer trouver des agents assez puissants pour triompher de la scrofule, ou du moins pour prévenir les manifestations morbides du redoutable processus. Toutefois, ce serait une grande erreur de penser qu'il suffise à une des stations hivernales d'être directement soumise aux effluves de la mer pour avoir raison du mal. Le grand modificateur cosmique ne saurait à lui seul atteindre le but poursuivi. Il lui faut le concours de certains facteurs météorologiques que je signalerai dans un instant ; et encore faudrat-il que ceux-ci ne soient pas neutralisés ou amoindris dans leurs effets par des influences ambiantes antagonistes.

— Un fait qui semblera peut-être invraisemblable aux médecins peu familiarisés avec la climatologie, mais dont l'observation la plus impartiale garantit la parfaite exactitude, c'est que dans la nombreuse famille des climats maritimes, l'hygiène ne compte jusqu'à ce jour que deux résidences, dont les conditions météorologiques répondent sérieusement aux exigences du traitement anti-scrofuleux : Saint-Raphaël et Cannes, sur le littoral français. Ainsi le midi de la France, les deux péninsules (Espagne, Italie), l'Algérie, les îles de l'Atlantique ne possèdent que des résidences hivernales qui peuvent être rangées sous une étiquette commune : la tonisédation. Que l'on consulte les études spéciales faites sur la constitution climatique de Hyères, Nice, Menton, San-Remo, Venise, Ajaccio, Alger, Valence, Malaga, les îles Baléares,

Madère et Ténériffe, on acquerra promptement la conviction qu'à quelques nuances près ces différentes stations appartiennent toutes à la grande famille des climats toni-sédatifs, qu'il ne faudrait pas confondre avec les climats dépressifs.

— A ce propos, je crois devoir faire remarquer que, contrairement aux tendances des médecins météorologistes modernes, j'établis ma classification non sur des moyennes météorologiques, mais sur la nature des effets observés sur l'organisme. J'ai toujours pensé qu'un climat devait être jugé médicalement et non météorologiquement. Qu'il me soit permis de rappeler à ce sujet un mémoire publié sur ce point de doctrine (1), dans lequel je m'élevais déjà contre les envahissements du *Météorologisme* sur le terrain médical. Aujourd'hui, je ne puis que déplorer les progrès que l'abus de l'instrumentation graphique a faits depuis lors. Les météorologistes ne tendent à rien moins qu'à substituer les procédés mécaniques des enregistreurs inertes à l'observation intelligente et à l'initiative du médecin. Ils devraient cependant méditer ce sage précepte de l'antiquité : « Là où finit le physicien, le médecin commence. » On me pardonnera cette courte digression en raison de son opportunité.

— Je poursuis : les climats toni-sédatifs que je viens de mentionner peuvent être parfaitement indiqués dans le traitement de l'anémie, de la chlorose, de l'herpétisme et des névroses qui en procèdent, de l'arthritisme (rhumatisme et goutte), de certaines paralysies, et plus spécialement de la tuberculose, quelle qu'en puisse être la modalité morbide ; mais ces mêmes climats seraient impuissants à avoir raison d'une maladie aussi profondément diathésique que la Scrofule, dont les manifestations morbides envahissent successivement le système cutané, muqueux, ganglionnaire, osseux, sans même respecter les viscères. Il faut, pour résoudre un problème thérapeutique aussi compliqué, des agents dynamiques autrement énergiques et à plus longue portée. L'observation les trouve réunis à des degrés différents de puissance dans la constitution climatique des deux stations susnommées : Saint-Raphaël, (Var) et Cannes.

Cette dernière compte dans son corps médical de bons ob-

---

(1) Une lacune dans l'enseignement des études médicales. Nice, 1881.

servateurs, parmi lesquels je me plais à citer M. le Dr Gimbert. Ses travaux cliniques sur les résultats obtenus par l'hibernation à Cannes confirment la spécialisation que je lui attribue dans des états morbides de nature scrofuleuse ou rachitique : ces deux maladies constituant deux entités distinctes, comme l'a nettement démontré Trousseau (1). Ils me dispensent donc d'insister.

Je réserverai tout mon attention en faveur de Saint-Raphaël, station moins connue et, ce qui est plus regrettable, mal connue.

II

On ne s'attend pas, je suppose, à ce que, dans cette simple note de clinique climatique, je donne une étude *in extenso* de Saint-Raphaël. Cette tâche a été déjà remplie par des célébrités littéraires et artistiques dont les plumes élégantes ont tour à tour décrit les splendeurs de ce magnifique pays, et par les patientes observations des météorologistes indigènes. Mes visées sont plus limitées : exclusivement renfermé dans le terrain médical, mon seul objectif sera de dissiper l'incertitude et l'erreur qui planent encore sur le caractère véritable du climat de cette station et d'en préciser exactement la spécialisation thérapeutique. Toutefois, je n'hésite pas à le reconnaître, la confusion, où l'obscurité qui enveloppent la climatologie médicale de Saint-Raphaël s'expliquent jusqu'à un certain point. Formé de la réunion de trois parties topographiquement distinctes : la ville de Saint-Raphaël proprement dite. *Valescure* et *Boulouris*, le poste hygiénique pris dans son ensemble, n'offre peut-être pas au même degré l'unité et l'homogénéité qui caractérisent ses voisines, Hyères, Cannes, Nice, Menton, San-Remo.

Il est certain que, procédant analytiquement, l'observation météorographique et médicale constatera dans les conditions atmosphériques de Saint-Raphaël et de ses deux annexes quelques nuances différentielles, mais qui, exagérées par des considérations peu scientifiques, tendent à devenir singulièrement byzantines. Envisagé de plus haut, et avec des vues sinon plus larges, du moins plus indépendantes, Saint-Raphaël apparaîtra à l'œil impartial du médecin, comme une exception, une individualité sans similaire au milieu de la pléiade des stations

---

(1) Trousseau. Clinique médicale de l'Hôtel-Dieu. 1855.

du littoral. Les développements qui suivent en démontreront la spécialisation médicale.

— On peut dire d'une manière absolue que le climat de Saint-Raphaël, synthétiquement jugé, agit sur l'organisme à l'état physiologique ou morbide comme un *Névrosthénique*, c'est-à-dire en stimulant le dynamisme vital par l'intermédiaire du système nerveux et en reconstituant l'économie.

Tout, d'ailleurs, dans cette nature vivace, au sol granitique, que le soleil inonde de ses rayons vivifiants, respire la force et la puissance: tout, dans la population indigène, de cette station, aux aspects pittoresques et parfois sauvages, comme dans ses dispositions cosmiques en affirme l'action essentiellement tonique: d'un côté, six mille hectares de forêts de plantes résineuses et la mer de l'autre déversent dans l'atmosphère qui baigne Saint-Raphaël, une masse énorme de molécules balsamiques et hydro-salines qui en se combinant, suractivent les fonctions de nutrition et enrichissent le liquide sanguin.

A Saint-Raphaël, contrairement à ce que l'observation constate dans d'autres stations, l'action excitante et tonique du climat n'est pas neutralisée dans ses effets par le voisinage des marais d'eau douce mélangée à l'eau de mer.

La perméabilité de ce sol porphyrique s'oppose aux épanchements palustres dont les effluves favorisent au plus haut degré le développement de la scrofule et des affections cachectiques qui en dérivent.

En tête des espèces résineuses, je citerai plus particulièrement l'Eucalyptus, *ce diamant des forêts,* comme l'appellent les Anglais et dont l'implantation à Saint-Raphaël et sur plusieurs autres points du littoral, est due à l'intelligente initiative de M. Félix Martin, maire de la station. On lira avec intérêt et profit le livre que cet ingénieur distingué a publié sur les propriétés sanitaires et les applications industrielles que présente la culture de l'Eucalyptus (1).

— Le système orographique qui régit Saint-Raphaël vient à son tour apporter au climat un contingent de tonicité et de stimulation. Ainsi largement ouvert aux chaudes influences méridionales, puissamment abrité des vents d'est, (les pires de

(1) *L'Eucalyptus et ses applications industrielles.* M. Félix Martin, ingénieur des ponts-et-chaussées. Paris, Dunod, éditeur, 1877.

la rose anémographique) par les contreforts granitiques de l'Estérel, dont les cîmes rougeâtres et hachées se profilent dans ·les nues, faiblement protégé au nord et au nord-ouest par une ceinture montagneuse qui manque de continuité et d'altitude, mais que compense partiellement la Montagne *des Maures* à l'Ouest, Saint-Raphaël se trouve présenter ainsi des dispositions climatiques différentes de celles qui caractérisent les autres stations du littoral. La résultante anémométrique serait donc Nord-Ouest-Sud et la dominante climatique correspondante, un air sec, léger, mouvementé, d'une chaleur modérée (1). La physiologie ne nous apprend-elle pas qu'un air sec et modérément chaud imprime à la circulation capillaire periphérique une impulsion qui se propage sympatiquement à l'ensemble de l'organisme et dont le remontement vital, en un mot la tonicité est la conséquence. Quant à l'excitation déterminée par le climat de Saint-Raphaël, ce second effet modificateur, procède de la somme considérable d'électricité que l'exubérance de la végétation environnante entretient dans l'atmosphère. Aux yeux des médecins versés dans les notions climatologiques, la formule n'aura rien de fantaisiste et sera la conséquence rationnelle des conditions hypsométriques ambiantes, de telles dispositions atmosphériques ne sauraient évidemment exercer sur l'organisme des effets sédatifs, mais offrir au traitement anti-scrofuleux de puissant éléments de reconstitution vitale.

— Il me paraît assez difficile de parler de l'anémométrie de Saint-Raphaël, sans mentionner incidemment le Mistral, d'autant plus que ce grand courant Nord-Ouest n'est pas sans. influence sur la donnée médicale qui fait l'objet de cette note. Je n'imiterai donc pas le silence de la plupart des auteurs. Il serait la justification implicite des appréciations erronées et des attaques passionnées dont le mistral a été de tout temps l'objet. Loin d'éluder ce point litigieux, je tiens à l'aborder de front. La science et l'intérêt des malades exigent que la lumière se fasse sur le véritable rôle que joue ce vent à Saint-Raphaël, vu que chaque station du littoral à son mistral particulier. Une seule voix a eu jusqu'ici le courage de prendre la défense de ce grand calomnié. M. le Dr Mireur, médecin à Fréjus,

(1) La moyenne annuelle serait de.............. 14° l
La moyenne hivernale de................. ... 8° 9
La moyenne estivale de.................. .... 23° 3

dans une bonne étude du climat de sa station balnéaire, a fait justice des méfaits dont on accuse ce courant aérien (1).

Je n'hésite pas à établir en principe que le mistral, loin d'être pour le climat de Saint-Raphaël un fléau dévastateur, comme on se plaît à le dire, est au contraire à mon avis, le facteur le plus hygiénique, la garantie la plus certaine de la salubrité de la station. Il remplit, dans l'atmosphère le rôle sanitaire de la Bora à Venise (2). Il est le grand purificateur, le parasiticide par excellence des microbes morbigènes dont les chaleurs régionales favorisent au plus haut degré l'éclosion. Son apparition coïncide invariablement avec une amélioration sensible dans la constitution médicale régnante, d'autant plus qu'il succède généralement aux vents irritants et malsains de l'est. Tous les médecins de la contrée sont unanimes à ce sujet. Il dissipe les nuages, augmente la transparence de l'air qu'il tonifie, sans exercer sur la température une action sensiblement frigorifique. Si le choléra a toujours respecté Saint-Raphaël, c'est au mistral que la station est redevable de son immunité. J'en dirais autant des autres épidémies. Ces assertions ne surprendront pas les observateurs indigènes qui connaissent la manière dont procède le mistral. Furieux à la hauteur d'Avignon et dans les plaines de la Durance, ce grand courant conserve son caractère impétueux jusqu'à Toulon. A partir de là, il se calme graduellement. Prenant Hyères en écharpe, il continue sa course jusqu'au pied de l'Estérel où déjà il a considérablement perdu de sa violence et de la brutalité de ses allures. Arrêté par le massif granitique, le mistral glisse dans la direction de la mer le long des derniers chaînons qu'il contourne, pénètre dans le golfe de la Napoule, et arrive à Cannes à l'état de Sud-Ouest. Ainsi dévié et modifié dans ses effets physiologiques, il n'apporte dans cette dernière station qu'un contingent d'excitation et de tonicité moindre que celui qu'il fournit à Saint-Raphaël. Là réside la différence d'intensité observée dans les effets des deux milieux atmosphériques. Son action bienfaisante est tellement établie à Saint-Raphaël que j'ai bien souvent entendu ses habitants regretter sa rareté. Que diraient donc les détrac-

(1) *Notice sur le climat de Fréjus,* par le docteur Mireur.
(2) *Climat de Venise,* docteur C. de la Roche, Paris 1864. Plon, éditeur.

teurs du terrible Terral (1) qui désole les plaines de l'Andalousie, et détermine si fréquemment des accès de folie ? (2) ou du Simoun du désert qui engloutit des caravanes entières sous des montagnes de sable ? Toutefois, l'exactitude scientifique me fait un devoir de reconnaître que, si le mistral offre des bénéfices incontestables aux valétudinaires justiciables du climat, c'est-à-dire aux scrofuleux, aux lymphatiques; aux rachitiques, aux goutteux atoniques, et aux tuberculeux torpides, il serait absolument nocif pour les organisations irritables, les névropathes, les rhumatisants avec prédominance inflammatoire, aux phtisiques éréthiques, et aux cardiaques. S'il en était autrement, Saint-Raphaël ne serait qu'un climat banal, sans spécialisation déterminée.

— La donnée médicale de notre station trouve également sa justification dans la composition chimique de l'air du littoral.

Un climatologiste qui a laissé des travaux non sans valeur frappé de la similitude qui existe entre la composition chimique des eaux minérales de Salies-de-Béarn, de Salins, de Kreusnach, d'Jchl et l'air du littoral, a proposé de désigner ce dernier du nom d'*air thermal chloro-bromo-ioduré*. Convaincu de la justesse de l'assimilation, j'ai bien souvent conseillé avec succès aux malades scrofuleux ou lymphatiques seulement de séjourner plusieurs heures consécutives dans un bateau captif sur les eaux du golfe de Saint-Raphaël ou du moins sur le bord immédiat de la mer.

— L'aphorisme Hippocratique vient à son tour confirmer la spécialisation médicale du climat de Saint-Raphaël, « Traduction fidèle de son climat, l'indigène offre, en effet, les signes physiologiques des races énergiques et vigoureuses. C'est en vain que le regard chercherait au sein de cette population de marins des scrofuleux, des rachitiques des éléphantiasiques ou des cancéreux, tels qu'on en remarque si souvent parmi les habitants des stations les plus vantées de l'Italie, de l'Espagne et des îles de l'Atlantique. D'une taille moyenne, généralement

(1) *Climat de l'Espagne*, 1 vol. Dr Caz. de la Roche. Paris, 1863. Plon, éditeur.

(2) En 1862, époque où je recueillais les matériaux de mon ouvrage sur le *Climat de l'Espagne*, il m'a été affirmé à Séville que l'influence du Terral était considérée par les juges comme circonstance atténuante dans les crimes et délits commis pendant la durée de ce vent.

secs, maigres et bien charpentés, fortement musclés, le teint basané, les Raphaëlois sont d'un tempérament nerveux, sanguin, ou par exception bilieux. Doués d'une grande activité et d'une non moins grande sobriété, ils rappellent au plus haut degré le type ethnographique des Maures et des Génois dont ils sont les descendants directs. La statistique démontre qu'à Saint-Raphaël, la longévité est grande et que le chiffre de la natalité dépasse celui de la mortalité.

Enfin, comme dernier argument à l'appui de ma proposition, je mentionnerai, avec tous les auteurs de la station du reste, le privilège que confère sans partage à Saint-Raphaël la modération de sa moyenne thermométrique annuelle : Elle permet aux valétudinaires de continuer sans interruption et sans déplacement fatigant et onéreux leur cure hivernale d'air marin et leur cure estivale de bains de mer.

— La spécialisation thérapeutique que j'attribue au climat de Saint-Raphaël ne serait aux yeux des médecins, qui ne se payent pas de mots, qu'une assertion parfaitement discutable sans l'autorité du contrôle clinique. Et bien que ma pratique auprès de la station ne remonte qu'à deux années, elle m'a déjà fourni un appoint d'observations confirmatives dont le *poids peut suppléer au nombre* selon le précepte de Morgagni. Je les énumère sous forme sommaire.

« Mlle X.., 28 ans, envoyée à Saint-Raphaël par une des no-
« tabilités chirurgicales de Paris, atteinte d'une adénopathie
« cervicale strumeuse en voie de suppuration avec anémie. —
« Résolution radicale de l'engorgement avec remontement ap-
« préciable de l'ensemble de l'organisme, après un hiver passé
« dans la station.

« M. X., 31 ans, d'une constitution scrofuleuse bien accusée,
« présentant tous les signes plesso-stéthoscopiques d'une adé-
« nopathie trachéo-bronchique qui avait résisté à un hiver à
« Nice, fut débarrassé de la dyspnée et de la toux coquelu-
« choïde symptomatique après un hiver passé à Saint-Raphaël.

« Chez Mlle X.., 52 ans, atteinte de tuberculose franchement
« strumeuse avec expectoration abondante : l'action climatique
« de Saint-Raphaël a amené la transformation scléreuse de
« l'infarctus.

J'arrive aux manifestations scrofuleuses du système osseux :
« Mlle X, 38 ans, chloro-anémique, père goutteux, mère car-

« diaque, adénopathie cervicale antérieure avec ophthalmie
« scrofuleuse : carie de la seconde phalange remontant à plu-
« sieurs années. Trois mois de séjour à Saint-Raphaël avec
« promenades quotidiennes et prolongées sur la mer détermi-
« nent la cicatrisation du foyer ossifluant qui ne s'est point rou-
« vert, bien que Mlle X. ait passé l'hiver dernier dans le Nord.

« Enfin, j'ai été accidentellement appelé auprès d'un proprié-
« taire fixé depuis quelques années à Saint-Raphaël. Scrofu-
« leux et porteur à son arrivée dans le pays, d'une arthropa-
« thie tibio-tarsienne avec ostcite peri-articulaire ainsi qu'il
« appert des commémoratifs, aujourd'hui toute trace de la lésion
« scrofuleuse a disparu. »

Il résulte des documents qui précèdent que la station de
Saint-Raphaël, en raison des effets essentiellement excitant
et toniques de son climat, offre à la médecine le Sanatorium
par excellence pour le traitement de la scrofule, et, spéciali-
sant l'indication, plus particulièrement lorsque le processus
morbide revêt la modalité torpide et humide, c'est-à-dire compliqué d'infiltration, de prédominance, de fluides blancs, d'ac-
cumulation de tissu adipeux, de suppurations, de dartres
humides, et de catarrhe des muqueuses. La distinction patho-
génique a sa portée pour le clinicien. Il en est des scrofuleux comme des tuberculeux : Tous ne se ressemblent pas.

Je ne crois pas m'avancer beaucoup en disant que les médecins et surtout les chirurgiens qui ont eu déjà l'occasion d'expéri-
menter les effets du climat de Saint-Raphaël sur des scrofuleux, des opérés, ou dans des convalescences longues et sans
franchise donneront leur sanction à la spécialisation médicale
que j'attribue à notre station.

III

Plusieurs raisons militeraient en faveur de la création à Saint-
Raphaël d'un sanatorium pour les scrofuleux de tout âge.

Je crois avoir démontré dans les considérations qui précèdent que nul climat sur le littoral ne répond au même degré
aux exigences thérapeutiques du traitement antiscrofuleux.

En second lieu, par une coïncidence qui a sa portée pratique,
il existe dans la station des bâtiments actuellement inoccupés,

admirablement orientés et parfaitement disposés pour recevoir une destination nosocomiale :

En outre, la thermométrie qui régit le littoral et le degré de minéralisation de la Méditerrannée comparés à l'atmosphère des plages du nord et à la composition chimique de l'Océan, viennent à leur tour plaider dans le sens de cette installation sanitaire. Loin de moi la pensée de chercher à amoindrir l'importance des résultats cliniques enregistrés chaque année par le sanatorium de Berck-sur-Mer. Les six cents lits confiés aux soins éclairés de mon distingué confrère le docteur Cazin en témoignent amplement. Mais on reconnaîtra avec nous que si l'atmosphère marine des plages du nord fournit à la médecine antiscrofuleuse un appoint puissant, combien plus énergique et plus profondé dans ses effets pourrait être l'atmosphère marine sur les bords ensoleillés de la Méditerranée, sur ces rives privilégiées dont la réputation hygiénique prévaudra toujours, quoiqu'il arrive, contre les calomnies propagées par des rivalités jalouses !

Aux avantages hygiéniques d'une moyenne thermique plus élevée sur le littoral, vient s'ajouter à l'actif de la Méditerranée une supériorité quantitative de principes minéralisateurs sur les eaux de la Manche.

Ainsi, sur un litre d'eau de l'Océan, l'analyse constate **32** grammes de sel soluble et **26** grammes de chlorure de sodium, tandis que l'eau de la Méditerranée contient sous le même volume 43 grammes de sel soluble et 29 grammes de chlorure de sodium. Le tableau comparatif des proportions salines indique sur 100 parties les chiffres suivants :

Dans la Baltique de 2.2.　　Dans l'Atlantique de 2.8.
Dans la mer du Nord de 3.3.　Dans la Méditerranée de 4.1.
Dans la Manche de 3.6.

Enfin, la température de la Méditerranée se maintient toujours entre 14 et 15 degrés quand elle ne monte pas plus haut.

L'eau de l'Océan ne dépasse pas 10 degrés.

— Comme dernier élément thérapeutique afférent à la thermométrie méditerranéenne, je signalerai les *Bains de sable* dont l'action médicatrice dans les arthropathies scrofuleuses est indéniable. On pressent sans peine la somme de stimulation et de tonicité que les scrofuleux doivent puiser dans cette atmosphère tiède et lumineuse, saturée d'iode, de chlore et de brome, toute chargée d'aromes balsamiques émanant des innombrables conifères qui encadrent Saint-Raphaël. Communs à toutes les stations du littoral, les avantages hygiéniques qui procèdent de la composition de l'air marin ne sauraient à ce titre être invoqués à l'appui de la spécialisation thérapeutique du climat de Saint-Raphaël dans la scrofule ; mais ils peuvent être considérés comme le coefficient des propriétés particulières à ce climat.

L'insistance que je mets à réclamer la création d'un sanatorium à Saint-Raphaël n'est point dictée, comme on pourrait le croire, par un étroit esprit de clocher. Elle est inspirée par une pensée plus large et plus humanitaire. Il ne faut pas se le dissimuler, les races dégénèrent et les générations modernes tendent à l'abâtardissement. La déchéance organique, telle est la caractéristique de notre époque. L'hypoglobulie, le lymphatisme, la scrofule et la tuberculose qui en dérive en sont les preuves trop éloquentes. Si l'homme de l'art, pénétré de ses devoirs professionnels, a pour mission de rechercher, de développer et de perfectionner les voies et moyens, sinon de guérir, du moins de prévenir les ravages du mal, il incombe à l'Etat et aux classes dirigeantes de faciliter les efforts de la médecine, en réalisant les indications susceptibles d'enrayer les envahissements d'un fléau qui décime les populations. Il serait puéril de demander à la pharmacopée des armes assez puissantes pour atteindre ce but. Je ne puis mieux résumer cette simple communication, qu'en rappelant les travaux de Baudelocque dans lesquels ce profond observateur a démontré que « la source la plus puissante de la scrofule résidait dans l'insuffisance de l'air respirable et de la lumière dans les habitations ». C'est donc à l'Assistance publique qu'il appartient de prêter son actif concours à la médecine prophylactique en multipliant les sanatoria dans les régions dont le choix sera déterminé par des conditions climatériques voulues.

— On a appelé Saint-Raphaël l'*Arcachon de la Méditerranée*. Il serait à désirer que l'Assistance publique permît qu'on changeât cette désignation pour celle du *Berck-sur-Mer* du *Midi* en créant dans cette station un établissement analogue également réservé aux scrofuleux.

Clermont (Oise). — Imprimerie DAIX Frères.

PRINCIPAUX OUVRAGES DE L'AUTEUR

~~~~~

1856. *Du Climat de Pau.*

1857. *De la Pellagre et de sa cause réelle.*

1859. *Action thérapeutique des Eaux-Bonnes dans la Tuberculose.*

1861. *Du Climat de l'Espagne.*

1865. *Venise et son climat.*

1866. *De la cure aux Raisins.*

1873. *Climatologie de l'Italie.*

1877. *Traité pratique des Eaux-Bonnes.*

1881. *Menton et son climat.*

1887. *De certaines formes de Maladies de poitrine et de leur curabilité par les Eaux-Bonnes.*

www.ingramcontent.com/pod-product-compliance
Lightning Source LLC
Chambersburg PA
CBHW050412210326
41520CB00020B/6561